Sven-David Müller

Omega-3-Fettsäuren in der Ernährungstherapie

GRIN Verlag

Bibliografische Information der Deutschen Nationalbibliothek:

Die Deutsche Bibliothek verzeichnet diese Publikation in der Deutschen National-
bibliografie; detaillierte bibliografische Daten sind im Internet über http://dnb.d-
nb.de/ abrufbar.

Impressum:

Copyright © 2006 GRIN Verlag GmbH
Druck und Bindung: Books on Demand GmbH, Norderstedt Germany
ISBN: 978-3-656-61109-7

Aktuelles aus der Ernährungsmedizin: Omega-3-Fettsäuren in der Therapie und Prophylaxe

Von Sven-David Müller, M.Sc.

Einleitung: Omega-3-Fettsäuren in der Ernährungstherapie

Omega-3-Fettsäuren sind Bestandteil aktiver Ernährungsforschung und haben in den letzten Jahren immer mehr an wissenschaftlichem Interesse gewonnen. Es liegen insgesamt über 9.000 Studien vor. Zahlreiche Untersuchungen beschäftigen sich mit der gesundheitsförderlichen Wirkung der Omega-3-Fettsäuren. Dabei beschränkt sich ihr Wirkungsfeld nicht nur auf die positive Beeinflussung von Arteriosklerose und koronarer Herzkrankheit (KHK), sondern auch auf weitere Funktionen wie zum Beispiel antiinflammatorische Effekte. Durch diese Wirkungsvielfalt spielen Omega-3-Fettsäuren eine wichtige Rolle in der Ernährungsmedizin und angewandten Diätetik bei der Therapie und Prophylaxe zahlreicher Krankheiten.

Vorkommen

Omega-3-Fettsäuren sind mehrfach ungesättigte Fettsäuren. Diese Fettsäuren sind essentiell und müssen daher mit der Nahrung aufgenommen werden. Omega-3-Fettsäuren werden unverändert vom Körper resorbiert und direkt in Zellmembranen eingelagert, wo sie als ein wichtiger Bestandteil fungieren. Dort bestimmen sie unter anderem den Grad der Fluidität der Zellmembranen und der davon abhängigen Zellfunktionen. Dadurch werden beispielsweise die Erythrozyten leichter verformbar und können so Kapillaren leichter durchströmen [3]. Zu den Omega-3-Fettsäuren zählen alpha-Linolensäure (C 18:3), Eicosapentaensäure (EPA; C 20:5) und Docosahexaensäure (DHA; C 22:6). Alpha-Linolensäure stammt aus pflanzlichen Quellen. Sie ist in grünem Blattgemüse, zum Beispiel Spinat und Salat, sowie in Pflanzenölen wie Lein-, Raps- und Walnussöl enthalten. Alpha-Linolensäure ist die Nahrungsvorstufe von EPA und DHA. Die langkettigen Omega-3-Fettsäuren EPA und DHA kommen hauptsächlich in fettreichen Seefischen aus kalten Gewässern wie Sardine, Lachs, Thunfisch, Hering oder Makrele vor sowie auch in einigen Meeresalgen. EPA und DHA werden deshalb auch als marine Omega-3-Fettsäuren bezeichnet. Im menschlichen Körper können sie nur zu einem geringen Anteil aus Alpha-Linolensäure synthetisiert werden, da das entscheidende Enzym Delta-6-Desaturase in nur sehr kleiner Menge vorhanden ist. Unter praktischen Ernährungsbedingungen ist alpha-Linolensäure kein ausreichender Ersatz für EPA und DHA aus fetthaltigem Meeresfisch oder Fischöl [1, 3, 4, 7]!

Wirkung der Omega-3-Fettsäuren

In der Mitte des letzten Jahrhunderts stellten Wissenschaftler fest, dass bei Eskimos nur selten Herz-Kreislauferkrankungen auftraten, obwohl diese sich sehr fettreich ernährten und kaum frisches Obst und Gemüse zu sich nahmen. Studien zeigten, dass der Grund für dieses Paradoxon in dem hohen Anteil mariner Omega-3-Fettsäuren in der Nahrung der Eskimos liegt. Weitere Studien (Gissi-Studie, Lyon-Studie) zeigten, dass eine regelmäßige Aufnahme von Fisch beziehungsweise Fischöl über mehrere Jahre das Risiko einer kardiovaskulären Erkrankung signifikant verringerte. Die protektive Wirkung der Omega-3-Fettsäuren auf Herz und Gefäße beruht dabei auf verschiedenen Wirkmechanismen:

Senkung der Blutfettwert – Omega-3-Fettsäuren senken die Triglyzeridee
Den größten Einfluss haben marine Omega-3-Fettsäuren auf die Triglyceride. Der Triglyceridgehalt im Blut wird dabei umso stärker vermindert, je höher der Ausgangswert ist [3]. Verschiedene Studien zeigen eine Senkung der Triglyceridwerte im Blut um 20 bis 30 Prozent. Auch auf den Cholesteringehalt im Blut haben Omega-3-Fettsäuren einen positiven Einfluss, der allerdings nicht so eindeutig ist wie bei den Triglyceriden. Das Gesamtcholesterin wird nur wenig gesenkt, viel wichtiger ist dabei aber der Einfluss der Omega-3-Fettsäuren auf die Unterfraktionen VLDL, LDL und HDL-Cholesterin. Die Konzentration des LDL-

Cholesterins wird gesenkt, während das HDL-Cholesterin in seiner Konzentration zunimmt. Am effektivsten sind Omega-3-Fettsäuren in der Therapie von Fettstoffwechselstörungen mit erhöhten Triglycerid- und Cholesterinwerten. Omega-3-Fettsäuren aus fetthaltigen Kaltwasserfischen beziehungsweise Fischölarzneimitteln sind am positivsten zu bewerten. Ein regelmäßiger Verzehr von Fettfischen trägt außerdem zur Senkung der gesättigten Fettsäuren im Blut bei und hilft somit, das Gesamtcholesterin weiter zu senken. Die Empfehlung für eine therapeutisch wirksame Dosis an Omega-3-Fettsäuren beträgt mindestens 1 g/Tag [3].

Verbesserung der Durchblutung und Blutdrucksenkung

Omega-3-Fettsäuren verbessern die Elastizität der Erythrozyten und damit die Durchblutung. Bei erhöhten Blutdruckwerten ist ein senkender Effekt durch Omega-3-Fettsäuren signifikant. Werte über 160 mmHg werden dabei stärker gesenkt als Werte, die darunter liegen. Dieses kann durch zahlreiche Wirkungsmechanismen der Omega-3-Fettsäuren erklärt werden, beispielsweise die Verminderung der Bildung oder der Wirkung einiger blutdrucksteigernder Hormone wie zum Beispiel Noradrenalin und Thromboxan A2, Verminderung blutdrucksenkender Elektrolyte wie Natrium oder Kalium, Erweiterung kleinerer Arterien und Verbesserung der Nierendurchblutung [3, 4]. Besonders bei Diabetes mellitus wirkt eine verbesserte Nierendurchblutung protektiv gegenüber der diabetischen Nephropathie.

Reduktion der Thrombozytenaggregation

Aus Omega-3-Fettsäuren im Stoffwechsel produzierte Eicosanoide verringern die Aggregation der Thrombozyten und verringern damit die Bildung von Thromben (Blutgerinnseln) im Blut. Bereits gebildete Thromben werden unter dem Einfluss von Omega-3-Fettsäuren wieder aufgelöst. Die mäßige Verzögerung der Blutgerinnung, die durch die Aufnahme von Omega-3-Fettsäuren auftritt, ist durchaus erwünscht, da sie der Thrombenbildung und damit auch der Arterioskleroseneigung entgegenwirkt. Nachteilige Folgen auf die Blutgerinnung, wie zum Beispiel eine erhöhte Blutungsgefahr, treten bei einer Aufnahme von Omega-3-Fettsäuren mit einer sachgerechten Dosierung von Fischölkapseln in normalen Mengen nicht auf [3, 4].

Entzündungshemmende Wirkung

Über die aus ihnen hergestellten Eicosanoide wirken Omega-3-Fettsäuren entzündungshemmend. Dieser Effekt wird zur Therapie von entzündlichen Erkrankungen wie rheumatoider Arthritis, Gicht, Psoriasis und Neurodermitis genutzt. Auch bei Morbus Crohn und Colitis ulcerosa zeigen Omega-3-Fettsäuren positive Effekte [3, 4].

Neuere Forschungen sowie eine neuerliche Reanalyse der GISSI-Studie weisen auf einen antiarrhythmischen Effekt von Omega-3-Fettsäuren sowie auf Präventionsmöglichkeiten des plötzlichen Herztodes hin [2, 7, 8].

Zufuhrempfehlungen

Die D.A.C.H.-Referenzwerte [10] für Omega-3-Fettsäuren betragen 0,5 Prozent der Gesamtenenergieaufnahme. Diese Empfehlung basiert auf Schätzwerten. Eine eindeutige Zufuhrempfehlung an Omega-3-Fettsäuren liegt nicht vor. Experten empfehlen die Aufnahme von 300 bis 400 mg langkettiger mariner Omega-3-Fettsäuren pro Tag, dieses entspricht zwei Fischmahlzeiten pro Woche oder täglich 30 bis 40 g Fisch [1]. Die amerikanische Herzgesellschaft (American Heart Association) empfiehlt sogar eine tägliche Aufnahme von 0,5 bis 1,8 g EPA oder DHA, um einen optimalen präventiven Effekt zu erzielen [11]. In der Schwangerschaft und Stillzeit liegt der Bedarf an Omega-3-Fettsäuren um bis zu 250 mg höher als normal [6]. Die besten Quellen für EPA und DHA sind fettreiche Kaltwasserfische. Um therapeutisch wirksame Mengen an marinen Omega-3-Fettsäuren aufzunehmen, müssten wöchentlich mindestens zwei Fischmahlzeiten mit jeweils 150 bis 200 Gramm Fettfisch verzehrt werden. Doch die pro Kopf in Deutschland verfügbare Fischmenge liegt nur bei knapp 8 Kilogramm pro Jahr [9]. Um eine ausreichende und dauerhafte Versorgung mit Omega-3-Fettsäuren zu gewährleisten, ist eine Verwendung von Fischöl- oder Algenöl-Präparaten ratsam. Es ist empfehlenswert, hochwertige Produkte zu verwenden. Diese unterliegen speziellen Qualitätsanforderungen und enthalten eine festgelegte Menge an Omega-3-Fettsäuren. Zudem sind sie rückstandskontrolliert und mit antioxidativem Schutz versehen.

Autor:

Autor: Sven-David Müller, Master of Science in Applied Nutritional Medicine (Angewandte Ernährungsmedizin), staatlich anerkannter Diätassistent und Diabetesberater der Deutschen Diabetes Gesellschaft (DDG), Haddamshäuser Weg 4a, 35096 Weimar an der Lahn, www.svendavidmueller.de, diaetmueller@web.de

Literatur:

[1]   Arbeitskreis Omega-3: Bedeutung und empfehlenswerte Höhe der Zufuhr langkettiger Omega-3-Fettsäuren. Ein Konsensus des Arbeitskreises Omega-3. Ernährungs-Umschau 49 (2002), Heft 3: 94 - 98

[2]   Singer, P.; Wirth, M.: Günstiger Einfluss von ω-3-Fettsäuren auf Herzrhythmusstörungen. Ernährungs-Umschau 49 (2002), Heft 5: 178 – 181

[3]   Singer, P.: Was sind, wie wirken Omega-3-Fettsäuren? Umschau Zeitschriftenverlag, Frankfurt, 2000

[4]   Wahrburg, U.; Assmann, G.: Arteriosklerose und koronare Herzkrankheit; in Biesalski, H.-K. et al.: Ernährungsmedizin. 3., erweiterte Auflage, Thieme, Stuttgart, 2004

[5]   Gola, U.: Ernährungsmedizin in der Praxis des niedergelassenen Arztes; in Biesalski, H.-K. et al.: Ernährungsmedizin. 3., erweiterte Auflage, Thieme, Stuttgart, 2004

[6]   Kasper, H.: Ernährungsmedizin und Diätetik. 10., neubearbeitete Auflage, Urban & Fischer, München, 2004

[7]   Singer, P.; Wirt, M.: Omega-3-Fettsäuren marinen und pflanzlichen Ursprungs: Versuch einer Bilanz. Ernährungs-Umschau 50 (2003), Heft 8: 296 – 306

[8]   Marchioli, R. et al.: Early Protection Against Sudden Death by n-3-Polyunsaturated Fatty Acids After Myocardial Infarction. Time-Course Analysis of the Results of the Gruppo Italiano per lo Studio della Sopravvivenza nell'Infarto Miocardico (GISSI)-Prevenzione. Circulation, 2002; 105; 1897-1903

[9]   Ernährungsbericht 2004, Deutsche Gesellschaft für Ernährung e.V. (DGE), Bonn

[10]   Referenzwerte für die Nährstoffzufuhr, Deutsche Gesellschaft für Ernährung (DGE), 1. Auflage, Umschau-Verlag, Frankfurt am Main, 2000

[11]   Kris-Etherton, P. M. et al.: Fish Consumption, Fish Oil, Omega-3-Fatty Acids and Cardiovascular Disease. AHA (American Heart Association) Scientific Statement. Circulation 2002; 106: 2747